AF371198

LETTRES

ADRESSÉES

A MESSIEURS LES PROPRIÉTAIRES RURAUX ET AGRICULTEURS

DU DÉPARTEMENT DE LA GIRONDE.

DEUXIÈME LETTRE.

1852

LETTRES

ADRESSÉES A MESSIEURS LES PROPRIÉTAIRES RURAUX ET AGRICULTEURS DU DÉPARTEMENT DE LA GIRONDE ;

*Par le professeur du Cours d'Economie rurale de Bordeaux,
chargé de l'inspection agricole du département, membre de
l'Académie royale, des Sociétés d'Agriculture et Linnéenne
de Bordeaux ; correspondant de la Société royale et centrale
d'Agriculture de Paris, de celles de Toulouse, d'Agen, etc.*

DEUXIÈME LETTRE.

Exposé sommaire des principaux désavantages du système de culture
suivi dans la Gironde et les autres départements méridionaux : tant
en lui-même que dans ses conséquences. Des obstacle qu'il offre aux
améliorations désignées ; des résultats probables de ces améliorations.

> « Je suis convaincu que pour faire mieux que les cultivateurs, il
> » faut commencer par faire comme eux ; ..... ce n'est qu'après avoir
> » appris par l'expérience à reconnaître les avantages ou les incon-
> » vénients des diverses pratiques, qu'on pourra prendre une sage
> » détermination pour abandonner, conserver ou modifier chacune
> » d'elles ».
>
> (MATHIEU DE DOMBASLE).

MESSIEURS,

Dans notre première lettre (1) nous avons eu l'honneur
de mettre sous vos yeux les graves motifs qui militent en
faveur du perfectionnement de notre agriculture. Nous

---

(1) Elle traitait : *Des considérations physiques et morales qui
militent en faveur de l'amélioration de notre agriculture ; des
causes diverses qui ont retardé cette amélioration ; du danger
qu'il y aurait à l'ajourner encore.*

nous sommes attaché également à signaler à votre attention les *causes principales auxquelles on doit attribuer la lenteur de ce perfectionnement :* causes qui toutes ne sauraient vous être imputées sans une profonde injustice.

Aujourd'hui, notre intention est de faire comprendre, d'une manière générale, quels sont les principaux désavantages du système de culture que nous suivons, tant en lui-même que dans ses conséquences ; quels sont les obstacles qu'il offre aux améliorations désirées ; quels seraient les résultats probables de ces améliorations.

Ainsi que nous avons eu déjà l'honneur de vous le dire, l'adoption, le maintien d'un système de culture, dans une localité donnée, ne sont jamais des faits que l'on peut attribuer au hasard, au vain caprice des hommes ; mais bien aux différentes circonstances physiques et morales, sous l'influence desquelles ceux-ci se sont trouvés placés quand ils firent cette adoption.

Comme résumant une des époques de l'histoire de l'agriculture ; comme constituant une des périodes par lesquelles l'agriculture a passé, dans ses transformations successives, le système céréal suivit immédiatement le système pastoral et ses différentes modifications.

La jachère, comme devant suppléer au défaut d'engrais ; comme devant combattre l'action salissante des céréales, est, vous le savez, la base essentielle de ce système.

Mais cette jachère, selon la place qui lui est assignée dans la succession des cultures, donne à ce système deux expressions bien distinctes.

En revenant tous les deux ans, elle constitue ce qu'on appelle la *rotation biennale* (1).

En revenant tous les trois ans, ce qu'on appelle la *rotation triennale* (2).

---

(1) Céréale d'automne, jachère, céréale d'automne, jachère.
(2) Céréale d'automne, céréale de printemps, jachère, etc...

Or, la rotation biennale, la primitive manifestation du système céréal ; celle que nous ont transmise les Romains :

> « Qu'un vallon moissonné donne un an sans culture ;
> » Son sein reconnaissant te paye avec usure ».
>
> (Virgile).

s'est perpétuée parmi nous par des raisons tirées principalement du climat.

« Dans les climats à pluie d'automne, dit M. de Gasparin, le printemps est une saison sèche, ou bien à pluies fort irrégulières ; on ne peut donc y cultiver du blé de Mars, qui serait exposé à de trop grandes chances de non-réussite. Cette circonstance a nécessité l'introduction d'un assolement biennal : 1.° jachère ; 2.° blé, au lieu de l'assolement triennal, qui est plus généralement usité dans les pays à pluies d'été, où les printemps sont plus généralement humides ».

Examinons donc ce système de culture dans ses détails et en les comparant successivement avec celui qu'il serait avantageux de lui substituer, avec le système alterne plus ou moins perfectionné.

I.
BUT DE LA CULTURE.

SYSTÈME CÉRÉAL	SYSTÈME ALTERNE
plus ou moins pur.	*plus ou moins perfectionné.*

Le but unique du système céréal, c'est la production du blé : de la matière la plus propre à nourrir l'homme, immédiatement après celle que, dans le système pastoral, il empruntait principalement, pour cet usage, aux animaux.

Ce système peut se résumer dans ces mots, dont la vérité nous est suffisamment démontrée par

Tout en reconnaissant la grande importance du blé, surtout dans nos contrées méridionales, le système alterne trouve avantageux néanmoins de lui associer plusieurs autres plantes et notamment des fourragères : graminées, légumineuses, etc..., dont la production est de nature à réagir de la manière la plus heureuse sur celle de la céréale.

la répugnance qu'ont les exploitants à associer quelqu'autre culture à la céréale : *Faire du blé pour avoir du blé*.

C'est dans ce système que ces paroles sont vraies : *Faire de l'herbe pour avoir du blé*.

II.

MOYENS GÉNÉRAUX.

Les céréales épuisent, les céréales salissent la terre.

La jachère et les engrais sont les moyens employés pour obvier à ces deux inconvénients.

La jachère est en effet un moyen de procurer à la terre une partie quelconque de l'engrais qu'elle a perdu en produisant une récolte de céréales; de l'engrais dont elle a besoin pour en produire une seconde.

Ce fait, dès longtemps constaté par les anciens, a également été reconnu par les modernes. Thaër estime la puissance enrichissante de la jachère à moitié de celle du trèfle. M. le comte Louis de Villeneuve lui assigne pour valeur six charretées de fumier. MM. Liébig, Boussingault, etc., ont achevé la démonstration de ces vérités par les explications qu'ils ont données des effets de cette pratique agricole.

En outre, c'est pendant le repos accordé à la terre qu'on lui donne les trois labours destinés tout à la fois à rompre, à ameublir son tissu, à la nettoyer, à lui faire puiser dans l'atmosphère ce que Rozier appelle les engrais météoriques.

Les céréales, dans le système alterne, ne perdent point la propriété qu'elles ont ailleurs d'épuiser et de salir la terre.

Mais ici les moyens employés, pour obvier à ces deux inconvénients, sont beaucoup moins dispendieux et leur action, plus certaine, réagit en outre d'une manière favorable sur l'ensemble de l'exploitation.

C'est, principalement, l'emploi plus ou moins complet, selon le cas, de la terre qui serait demeurée inactive pendant un an, à la production de plantes qui ne lui enlèvent rien de sa faculté productive, qui y ajoutent même bien souvent, que là n'étaient et surtout qui fournissent la matière à l'aide de laquelle on obtient l'engrais : cette cause essentiellement déterminante de sa fertilité.

De cette manière on peut ajouter beaucoup aux ressources offertes par les prairies naturelles pour la nourriture des animaux; suppléer bien souvent à leur défaut, dans un pays où les herbages en général ont trop fréquemment à souffrir des phénomènes météorologi-

L'engrais que nous joignons à la jachère pour achever de mettre la terre en état de produire de nouveau une céréale, a trois sources bien distinctes ; il provient :

1.º De la paille obtenue de la céréale précédente et qui a servi comme litière.

2.º Des fourrages tels que trèfle incarnat, maïs, vesces, etc. .., que l'on a cultivés sur les meilleures parties de la terre en repos.

3.º Enfin des prairies naturelles qui sont jointes à l'exploitation et dont le revenu bien souvent, s'il était obtenu isolément, serait, sinon supérieur, au moins égal à celui qu'il détermine en grains.

C'est ce fait qu'avait en vue M. Dezeimeris, lorsqu'il disait, dans une de ses publications : « Quel » qu'ait pu être autrefois le mérite » de ce système, pour des pays » pauvres et fort peu peuplés, il » a aujourd'hui, partout où il sub- » siste, ce résultat, que l'exploi- » tation d'une métairie de 15 ou » 16 hectares, par exemple, exi- » geant deux attelages, et par » conséquent le foin nécessaire » pour les nourrir, le propriétaire » d'un tel domaine abandonne, » annuellement, 5 ou 600 fr., pro- » duit de ses prairies naturelles, » pour avoir, en fin d'année, une » moitié des récoltes, laquelle ne » vaut guère plus que n'eût valu » le foin dont il a fait ainsi le » sacrifice »

ques pour qu'il ne soit pas néces- saire, indispensable, de s'assurer de cette double éventualité.

D'ailleurs les prairies naturelles n'ont rien à souffrir d'une telle adjonction. Loin de là, il sera tou- jours extrêmement prudent de leur accorder une part convenable dans le domaine : notre pays étant placé dans des circonstances telles que ce genre de culture y méritera bien longtemps encore qu'on en parle comme le fait Olivier de Serres : « En vain dirons-nous les » louanges de la prairie, puisque » d'aucun elle n'est méprisée ; ou » plustôt parce qu'elle est beau- » coup estimée de toutes nations ».

Comme conséquence nécessaire de l'augmentation des fourrages, sous un tel régime le nombre des animaux de l'exploitation aug- mentera.

Les bêtes de travail pourront être mieux entretenues et mieux nourries, en toutes saisons.

On pourra, par la suite, leur en adjoindre d'autres, destinées à payer en graisse, en croît, en augmentation de valeur, en en- grais, ce que n'auraient pu suffire à consommer les attelages dont la dépense se solde principalement par le travail qu'on leur fait faire.

Sans doute, ce n'est pas tout- à-coup que l'on pourra espérer d'arriver à nourrir une tête de gros bétail par hectare. Ce serait

Par l'exiguité des produits en fourrages, par l'incertitude et l'irrégularité de ces produits, le bétail, avec un tel système, se trouve réduit au nombre strictement exigé par les travaux de la métairie. Deux paires de bœufs ou vaches pour 15 hectares ordinairement : cela fait une tête par 3 hectares 75 centiares.

En outre, s'il arrive que le foin ait manqué, ce qui n'est pas rare malheureusement, par suite, ou de froids tardifs, ou de sécheresses, c'est à la paille uniquement que, durant l'hiver, on nourrit ces pauvres animaux.

Or, l'état maladif dans lequel les entretient ce régime, rendant imparfaite l'action que leur estomac doit exercer sur les aliments pour assurer une digestion complète, il résulte encore de là, que le fumier qu'on en obtient est de qualité tout-à-fait médiocre, qu'il n'est pas suffisamment animalisé.

même une grande imprudence que d'y viser dès le début; mais ce résultat n'en restera pas moins comme le but que l'on devra se proposer et que nécessairement l'on devra finir par atteindre.

III.

TRAVAUX.

Avec notre système actuel de culture, les travaux de l'exploitation se trouvent répartis de la manière la plus inégale. Certaines époques de l'année en sont surchargées ; certaines autres s'en trouvent complètement dépourvues.

Les semailles, les moissons, les labours de la jachère, etc.... sont autant de travaux auxquels bien souvent le personnel de la métairie ne saurait satisfaire complètement, non plus que les animaux de l'étable dont on sent alors toute l'insuffisance.

Au contraire, il est dans l'intervalle de ces grandes opérations

Bien que nous ne partagions pas l'entraînement irréfléchi avec lequel tant de personnes ne cessent de nous proposer, pour modèle de notre agriculture, celle de la Flandre.

Bien que nous soyons profondément persuadé que cette imitation pure et simple nous serait plus funeste qu'avantageuse, nous n'hésitons pas cependant, nous aussi, à tirer de ce pays des exemples qui ne sont pas, il est vrai, du nombre de ceux sur lesquels on a la plus insisté, mais qui nous paraissent cependant bien autrement dignes d'être recommandés, puisqu'ils

bien des moments où les bras restent sans emplois suffisants; où l'on
regrette d'avoir à soigner, à nourrir, des animaux qui ne font rien.

Les foires dont le nombre, dans
nos contrées, s'accroit plus que
ne l'exigerait peut-être l'intérêt
de l'agriculture, peuvent servir à
la démonstration de ces faits. On
sait que les plus *belles* sont toujours celles qui coïncident avec
ces moments de repos forcé. (*a*, à
la fin de la lettre).

D'ailleurs, c'est de la mauvaise
répartition du travail que naît
trop souvent l'impossibilité d'y
suffire complètement, et c'est de
cette insuffisance que découlent
toutes les conséquences désavantageuses, et de travaux mal faits,
et de travaux accomplis en temps
inopportuns.

« En général », disait tout ré-
cemment aux agriculteurs de l'Ar-
riège, notre savant et affectionné
collègue de Foix, M. le Chevalier
de Saubiac, « en général lorsqu'on
» se voit surchargé de besogne et
» débordé par le travail, voulant
» suffire à tout, on se hâte outre
» mesure, et une telle précipita-
» tion devient elle-même une des
» principales causes de l'infério-
» rité de nos récoltes. On ne de-
» vrait jamais oublier que l'ou-
» vrage fait à propos, lorsque la
» terre est en bon état et la tem-
» pérature favorable, est le seul

portent sur un point si généralement négligé parmi nous; puisque
leur imitation ne pourrait nous
faire courir aucun danger; puisqu'elle ne pourrait au contraire
que nous être extrémement favorable.

Dans cette contrée justement
célèbre par le perfectionnement
de son agriculture : « Le fermier,
» dit un auteur bien digne de
» foi, est parvenu à varier la cul-
» ture avec tant d'art, à diviser si
» admirablement son travail, que
» chaque saison, en raison de la
» longueur des jours, présente
» une même quantité d'ouvrages à
» faire : il n'est jamais oisif ni
» pressé; chaque jour, il sème ou
» il plante, et chaque jour, il re-
» cueille. La même graine peut
» être semée pendant six mois et
» récoltée au Printemps, en Eté ou
» en Automne; la terre est toujours
» nettoyée, labourée et amendée;
» chaque année un champ produit,
» et chaque année le même champ
» est en jachère. Nulle saison n'est
» entièrement défavorable. Si la
» sécheresse est nuisible à une
» plante, elle convient à une au-
» tre; il en est de même des fortes
» pluies et des hivers rigoureux.
» Toujours le cultivateur peut s'ap-
» plaudir du temps, et il s'en plaint
» rarement; son inconcevable pré-
» voyance l'assure, pour ainsi dire,
» contre les intempéries, et lui

» qui assure des bénéfices, le seul » propre à dédommager le culti- » vateur de ses avances et de ses » pénibles labeurs. Une culture » intempestive, un semis fait hors » de saison, une façon donnée à » contre coup, au moment où la » terre, trop humide ou trop sè- » che, se trouve dans de mauvai- » ses conditions, sont autant de » sujets de mécomptes et de pertes » réelles, que le cultivateur doit » prévenir en appliquant son in- » telligence et son temps à l'ac- » complissement de sa besogne ».

» donne une année plus ou moins » bonne, mais jamais entièrement » mauvaise ; la grêle même ne » pourrait le ruiner, car il est » toujours en mesure de rempla- » cer une culture qui manque par » une autre aussi productive ; il » lui faut plus de travail, mais il » est essentiellement laborieux. Il » peut perdre, soit des semences, » soit des engrais, soit des jour- » nées, mais jamais le revenu to- » tal de sa terre... » (J. Cordier : *Agriculture de la Flandre*).

<h2 style="text-align:center">IV.</h2>

<h1 style="text-align:center">ENGRAIS.</h1>

En culture, comme en toute autre chose, il suffit d'un seul fait de mauvaise nature pour en produire une suite d'autres tout aussi désavantageux.

Nous avons vu qu'une des conséquences de notre système de culture était de nous priver d'une grande partie de l'engrais qui nous serait nécessaire. Eh bien, à ce premier inconvénient, ajoutons encore les deux suivants, non moins redoutables et ayant la même origine.

1.º Nous sommes obligés de garder nos fumiers (*b*) très-longtemps sans en faire usage.

2.º Nous sommes obligés d'en faire l'application immédiatement à la céréale.

Le système alterne, l'intercalation judicieuse des fourrages artificiels entre les céréales, ont le très-grand avantage d'assurer à la culture une quantité d'engrais beaucoup plus considérable que celle que lui procure le système ancien, le système biennal.

Au moyen des plantes dites sarclées qu'admet le système alterne, cet engrais peut être appliqué plus fréquemment aux terres et échapper ainsi au triple inconvénient ;

De perdre beaucoup par la conservation.

De n'arriver sur le sol qu'après un travail de fermentation dont celui-ci aurait profité (*c*).

De donner lieu, en un certain moment de l'année (à la fin de

N'ayant en vue qu'une seule production, celle des céréales, et la terre, dans le système de culture que nous suivons, ne pouvant être fumée, en vue de cette production qu'une fois par an, c'est pour celle-là que, durant tout le reste de l'année, nous accumulons et réservons le fumier de nos étables.

De là des pratiques qui, toutes vicieuses qu'elles sont dans leur ensemble, n'en révèlent pas moins de la part de nos praticiens et de ceux qui les ont précédés, un talent d'observation très-remarquable : une appréciation intelligente de la situation dans laquelle ils se trouvaient placés.

Ainsi ces fumiers sont mis dans des fosses profondes. Circonstance qui a pour but de les soustraire autant que possible à l'action trop directe de l'air, du vent et surtout du soleil.

Presque toujours les eaux des gouttières des étables, granges et maisons d'habitations viennent aboutir dans ces fosses qu'il n'est pas rare de leur voir transformer en autant de mares infectes. Autre circonstance capable d'interrompre et de retarder un travail de fermentation qui réduirait, dans une proportion considérable, la quantité du fumier (*f*).

Il est nécessarie effectivement pour l'emploi exclusif que nous faisons de ce fumier, qu'il ait fer-

l'Automne), à des travaux de transport trop souvent au-dessus de ce que peuvent faire les hommes et les animaux dont on dispose.

Ces plantes étant de la nature de celles qui ne craignent point l'application immédiate du fumier frais (*d*) présentent en outre l'avantage capital d'exiger, pendant la période de leur végétation, des buttages et sarclages au moyen desquels les herbes que provoquent toujours des fumiers non fermentés, sont complètement et immédiatement détruites (*e*).

Ainsi, le froment qui vient sur la terre qu'ont occupé ces plantes jouit du triple avantage.

1.º De la trouver parfaitement purgée de tout germe de mauvaises plantes.

2.º De la trouver munie d'une quantité suffisante d'engrais.

3.º De trouver cet engrais dans un état tel qu'il ne risque pas à lui donner d'abord un développement trop rapide, à le faire s'emporter en tiges et en feuilles au détriment du grain : son incorporation avec le sol étant telle au contraire qu'une harmonie parfaite peut s'établir et se soutenir, d'une part entre les exigences progressivement croissantes de la plante, d'une autre part, entre la décomposition, la transformation également progressive de l'engrais en matières solubles et gazeuses, en matières assimilables.

menté, qu'il soit arrivé à un point de décomposition qui permette, toujours pour l'emploi exclusif que nous en faisons :

1.º Son mélange le plus complet et le plus facile avec la terre.

2.º Son action la plus immédiate et la plus sûre sur la céréale.

3.º Enfin son action la moins active sur les graines de mauvaises herbes qu'il pourrait encore retenir et dont une fermentation longue et soutenue peut détruire le germe.

Telles sont autant de conditions capables, sinon de faire disparaître complètement, au moins de diminuer les inconvénients graves résultant, pour notre système de culture, de la position particulière dans laquelle nous place ce système.

De la sorte, la culture des céréales peut admettre un genre de perfectionnement extrêmement favorable aux fourrages dont le semis se fait sur la même terre, au Printemps, extrêmement favorable au trèfle.

Elle peut permettre, cette culture ainsi traitée, de transformer en planches nos billons : une des nécessités de ces derniers, dans l'état actuel des choses, étant, comme on sait, l'obligation impérieuse de sarcler une, deux et jusqu'à trois fois nos froments.

Trop souvent le fumier appliqué à la terre qui va être ensemencée en blé n'est pas suffisamment mélangé, incorporé, à cette terre.

Trop souvent ce fumier agit, dès le début sur la plante, de manière à accélérer un développement d'abord extrêmement rapide mais qui ne se soutient pas et qui met en défaut les prévisions du cultivateur.

Toujours et particulièrement quand l'hiver est doux et humide, ce qui est assez général sous notre climat, ce fumier donne lieu à une grande multiplication de plantes sauvages qui épuisent la terre, nuisent à la récolte et exigent des sarclages répétés et dispendieux (*g*).

V.

·INSTRUMENTS.

La simplicité, ou mieux le peu de développement de notre système agricole font que nos instruments aratoires se trouvent réduits aux plus indispensables, quelquefois à la seule charrue ; car il est encore dans la Gironde quelques localités où la herse est inconnue.

En modifiant notre système de culture comme l'ndiquerait, non pas seulement les enseignements d'une sage théorie, mais surtout et avant tout, comme l'indiquerait le succès de réformes entreprises par des hommes zélés, instruits et suffisamment pourvus de cette sa-

Que cette charrue elle-même, vénérable sans doute à cause de son antiquité, à cause de son origine grecque et latine, se trouve dans plusieurs parties du département dans un état d'imperfection que ne saurait très-certainement légitimer le système d'après lequel elle est construite.

gesse, de cette prudence qu'exige toujours l'agriculture, on sentirait la nécessité d'ajouter à la charrue d'autres instruments.

On sentirait la nécessité de comprendre dans le matériel d'exploitation :

La herse, si précieuse pour ameublir une terre forte et argileuse, comme nous en avons tant.

La herse, dont il est fait mention dans le livre de Job, et dont Virgile recommande en ces termes l'emploi aux cultivateurs de son temps :

« Vois-tu ce laboureur constant dans ses travaux,
» Traverser ses sillons par des sillons nouveaux,
» Ecraser sous le poids des longs rateaux qu'il traîne
» Les glèbes dont le soc hérisse au loin la plaine ».

Le rouleau, qui prête à l'action de la herse un concours si avantageux et qui agit si heureusement sous les sols légers et sans consistance, que Thaër ne craint pas de dire que c'est un des instruments les plus utiles, et qu'on ne saurait s'en passer dans une culture perfectionnée, quelle que soit d'ailleurs la nature du sol.

La houe à cheval, destinée à suppléer aux efforts de l'homme, dans les travaux si utiles, si multipliés de sarclage, et cependant si difficiles à opérer avec la rareté, la cherté de la main-d'œuvre dans nos campagnes (h).

Ces instruments, les plus essentiels quand on veut améliorer le système d'agriculture usité dans nos contrées, ne sauraient manquer, s'ils sont bien choisis et convenablement employés, de solder bientôt, par les avantages nombreux qu'ils procurent, la somme qu'il aura fallu employer pour les acquérir.

Mais, hâtons-nous de le dire, autant de tels achats seront profitables, autant deviendraient ruineuses des acquisitions qui porteraient sur ces nouveautés, ces excentricités que les feuille publiques recommandent chaque jour comme devant rendre à l'agriculture les plus éclatants services. « Une grande diversité d'instruments, dit sir » John Sinclair, dont on fait rarement usage, devient pour le culti- » vateur une source d'embarras et de mécomptes, plutôt que de satis- » faction. Ces instruments ne peuvent être employés utilement aux » opérations de l'agriculture, qu'autant que les ouvriers qui en font » usage, ont acquis une grande habitude de leur emploi ».

Quant à la charrue, nous croyons sincèrement qu'il y aura toujours une chance de succès plus grande et plus certaine dans la modification, la correction de celle dont nous faisons usage depuis que l'agriculture a pénétré dans nos contrées et que nos laboureurs dirigent en quelque sorte par instinct, que dans son remplacement complet et immédiat par un nouveau modèle.

Non-seulement un instrument d'agriculture ne marche pas seul, mais encore il est incontestable que la perfection que l'on en obtient, appartient, dans une très-grande proportion, au savoir et à l'habitude de l'homme qui le dirige.

Or, que deviennent ce savoir et cette habitude, quand les changements sont tels qu'ils n'est plus possible à cet homme d'en faire usage, qu'il doit recommencer ses études, procéder à un nouvel apprentissage.

C'est alors que l'amour-propre s'en mêle, et que, pour éviter de paraître sans talent, il aime mieux se faire détracteur.

VI.

CONSÉQUENCES.

Le défaut d'engrais, ou de la matière avec laquelle la terre confectionne les produits qu'elle nous donne, telle est la raison capitale de l'imperfection des moyens admis par notre système de culture ; des conséquences désavantageuses que nous devons à l'emploi de ces moyens.

C'est parce que nous manquons d'engrais que nous labourons peu profondément ; car, quoi qu'on en dise, en définitive, plus la masse de terre remuée est considérable, plus il faut d'engrais pour la fumer convenablement.

L'avantage d'avoir une quantité suffisante d'engrais, ou de la matière avec laquelle la terre confectionne les produits qu'elle nous donne, telle est la raison capitale de la supérioté des moyens admis par le système de culture perfectionné, des conséquences avantageuses que l'on peut devoir à l'emploi de ces moyens.

C'est parce qu'on a une quantité suffisante d'engrais qu'on laboure plus profond, mettant par ce moyen les récoltes à l'abri de l'excès de l'humidité qui les étiole, qui les asphixie ; à l'abri de la sécheresse qui les grille, qui les *échaude*.

C'est parce que nous manquons d'engrais que nos charrues restent imparfaites, qu'elles n'attaquent que la surface du sol, qu'elles ne l'attaquent que d'une manière tout-à-fait incomplète.

C'est parce que nous manquons d'engrais que nous sommes forcés d'accumuler et de conserver longtemps celui que nous ramassons, au risque de le voir perdre d'une manière notable en quantité et en qualité.

C'est parce que nous manquons d'engrais que nous l'appliquons tout à un seul genre de récolte ; que nous faisons cette application toute à une seule époque de l'année.

C'est parce que nous manquons d'engrais que nous billonnons nos terres : manière de procéder qui facilite les sarclages auxquels nous force de recourir la multiplication de l'herbe occasionnée par la fumure immédite de la céréale.

C'est parce que nous manquons d'engrais que nous semons *sous raie*, c'est-à-dire que nous enfouissons la semence avec la charrue : nous privant ainsi du concours économique de la herse, qui ne saurait fonctionner sur des billons et courant risque de perdre une grande quantité de blé qui ne germe pas parce qu'il est

C'est parce qu'on a une quantité suffisante d'engrais, qu'on peut recourir aux instruments dont l'action sur le sol est plus énergique, qui préparent aux plantes un guéret plus meuble et plus profond.

C'est parce qu'on a une quantité suffisante d'engrais, qu'on peut en faire une application plus fréquente et plus opportune.

C'est parce qu'on a une quantité suffisante d'engrais, qu'on peut en donner même à des plantes destinées à le reproduire, en même temps qu'elles préparent à celles qui devront le consommer de meilleures conditions de réussite.

C'est parce qu'on a une quantité suffisante d'engrais qu'on peut disposer le relief des terres d'une façon qui semble beaucoup plus avantageuse, quand il est possible de se dispenser de la précision que nous sommes obligés d'apporter aujourd'hui dans nos sarclages.

C'est parce qu'on a une quantité suffisante d'engrais que l'on peut recourir à une pratique de semailles dont la supériorité ne saurait être contestée, partout où le climat et la terre la rendent possible. Car, ainsi que le dit Olivier de Serres : « Couvrant les semences à « la herse, est remédier à *de nom-* « *breux défauts,* en tant que l'art recouvert d'une couche de terre trop épaisse (*i*).

Enfin, c'est parce que nous manquons d'engrais que nous manquons de fourrage, de ce puissant moyen d'élever notre agriculture au point de perfection qu'elle doit atteindre.

« a du pouvoir, laissant les événe- « ments à Dieu, qui donne le naî- « tre et l'accroissement de toutes « choses (*j*) ».

Enfin c'est parce qu'on a une quantité suffisante d'engrais qu'on peut avoir aussi le fourrage nécessaire à la réalisation des améliorations réclamées par notre agriculture.

Ainsi considérée, dans les deux hypothèses, l'agriculture est bien le cercle représenté par le tracé ci-après, et qu'on ne peut espérer de parcourir avantageusement qu'à la condition d'y pénétrer :

Ou par les ENGRAIS, qui commandent la production des fourrages ;

Ou par les FOURRAGES, qui commandent la production des engrais.

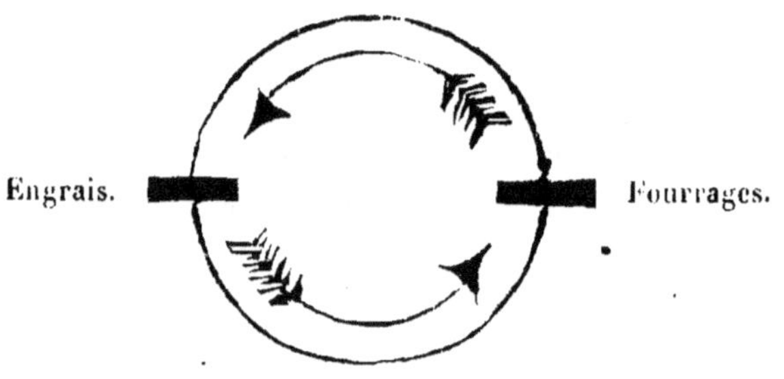

VII.

RÉSULTATS.

Maintenue dans l'état où elle est actuellement, notre agriculture ne répond plus aux justes exigences d'une Société qui va sans cesse croissant en nombre et en besoins.

Modifiée, ainsi que l'indiquent et les prescriptions de la théorie, et les enseignements de la pratique, notre agriculture arrivera, progressivement, à répondre, d'une manière complète, aux exigences qu'elle doit satisfaire.

<table>
<tr><td>

Les efforts que l'on tenterait pour augmenter ses produits, sans modifier son système, pourraient avoir pour résultat, non-seulement de tromper les espérances du présent, mais encore de compromettre celles de l'avenir.

</td><td>

Les efforts que l'on tentera pour augmenter ses produits, auront pour résultat, dès qu'on aura fait subir à son système les réformes nécessaires, non-seulement de la mettre à même de combler les espérances du présent, mais encore d'ajouter de nouvelles garanties à celles de l'avenir (*k*).

</td></tr>
</table>

Or, si l'on a donné à la vraie agriculture, et il y en a tant de fausses et de décevantes, le nom *d'agriculture du père de famille,* c'est parce que cette agriculture, dans les moyens qu'elle emploie, dans le but qu'elle se propose, agit comme l'homme qui a des enfants : comme l'homme dont la sollicitude embrasse tout à la fois et le bien présent et le bien futur de ces mêmes enfants.

Qu'on nous permette encore de faire remarquer ici, que c'est à l'aide de considérations semblables que l'on explique l'influence heureuse qu'exerça, de tout temps et dans tous les pays, la population agricole sur le bien-être, sur le repos, sur la conservation des sociétés organisées.

Celui-là fournira toujours à l'état dont il fera partie la base la plus solide pour son établissement, qui se verra contraint, par la nature de ses travaux, de porter ses vues tout à la fois sur le présent et sur l'avenir.

Autrement, comme le dit M. Dupin aîné et comme l'expérience n'a jamais cessé de le prouver : « Celui qui cultive le mieux la terre, est aussi celui qui la défend le mieux ! »

Mai 1847.

NOTES ET ÉCLAIRCISSEMENTS.

Pour ne pas embarrasser le texte à deux colonnes des notes qu'il réclamait, nous avons préféré les réunir toutes ici dans l'ordre indiqué par les lettres qui renvoient à chacune d'elles.

(*a*) On sait que cette irrégularité du travail des champs est une des causes générales que l'on a assignées à la tendance bien marquée qu'ont les populations rurales à se porter vers les villes. Dans nos contrées, cette cause doit être plus active qu'ailleurs, puisque les circonstances qui y donnent lieu se trouvent encore aggravées par l'imperfection de notre système de culture. Ainsi cette imperfection réagit encore sur elle-même, en ajoutant aux obstacles déjà si nombreux qu'il faut vaincre pour la faire disparaître, celui qui naît du défaut de main-d'œuvre.

(*b*) On sait que le mot *engrais* désigne d'une manière collective tout ce qu'on peut mettre dans la terre pour nourrir les plantes ; tandis que par celui de *fumier*, on entend seulement la matière qui résulte du mélange des déjections journalières des animaux entretenus dans nos étables avec la litière qui leur est fournie.

(*c*) Les gens du monde qui ont le bon ton de traiter d'ignorants et d'imbéciles les cultivateurs proprement dits : les *paysans*, comme disent les ouvriers des villes avec ce sans-façon que donne le sentiment d'une supériorité de condition incontestée, ne manquent jamais de sourire aux expressions des praticiens du genre de celle-ci : *Le fumier réchauffe la terre.*

Eh bien ! la chimie moderne a démontré que cette expression était vraie ; qu'elle prouvait, de la part de ceux qui en font usage, un talent d'observation à la justesse duquel la science apporte chaque jour de nouvelles démonstrations.

Soumis aux lois qui régissent la matière organisée, c'est par la fermentation que se décomposent les fumiers dans le sein de la terre. Or, tout travail de fermentation donne lieu à un dégagement de calorique dont profite la terre.

Aussi Olivier de Serres, dont l'ouvrage classique est le fruit tant de l'observation des agriculteurs qui l'avaient devancé que de la sienne propre, dit-il : « C'est le fumier qui resjouit, » *reschauffe*, engraisse, amollit, adoucit, dompte et rend » aisées les terres faschées et lasses par trop de travail ».

(*d*) Malheureusement, il est vrai que les plantes dites *sarclées* que nous pouvons admettre dans nos cultures, sont pour nous beaucoup moins nombreuses que pour les cultivateurs du Nord et qu'elles peuvent donner lieu à des travaux trop souvent au-dessus des moyens que l'on a d'y satisfaire. Ainsi que le dit M. Dezeimeris : « Dans les pays pauvres et mal cultivés, la po- » pulation est proportionnée à la petite quantité des produits. La » main-d'œuvre y est rare, et, pour celui qui est dans la néces- » sité absolue de s'en procurer à tout prix, elle est fort chère. » Qu'un propriétaire vienne à substituer, sur son domaine, l'as- » solement quadriennal à l'assolement usité : Jachère, blé, » qu'il y ait un quart de son domaine en pommes de terre ou » en betteraves, les travaux de main-d'œuvre y sont décuplés ; » le personnel employé habituellement dans l'exploitation n'y » peut suffire ; il faut appeler à grands frais des ouvriers du » dehors, et dans mille occasions on ne peut les avoir en temps » convenable pour donner à propos les binages qui font le prin- » cipal mérite des cultures en lignes, etc.... »

(*e*) C'est une chose merveilleuse que les soins qu'a pris la nature pour assurer la conservation des graines des différentes espèces végétales qu'elle a créées. Plusieurs de ces graines sont disposées par elle de telle sorte qu'elles peuvent passer dans l'estomac des animaux de nos étables, séjourner longtemps dans les tas de fumier en fermentation, sans perdre leur faculté germinative. Aussi lorsque ces fumiers sont appliqués à un genre de culture, comme les céréales, qui laisse le sol en repos, qui ne l'ombrage pas suffisamment, on voit les plantes dont proviennent ces graines, pulluler avec force et dévorer la terre.

(*f*) Cette perte que personne ne met en doute, a été démontrée d'ailleurs par de curieuses expériences faites, entr'autres par M. Kœrte, professeur à l'Ecole d'agriculture de Mœglin (Prusse), et par M. Gazzeri, savant italien. Ce dernier a constaté les pertes suivantes, en poids, pour du fumier qu'il avait conservé dans une caisse, sous un appentis entouré de paille et recouvert d'une toile également chargée de paille :

> Après 59 jours de conservation, perte......... ... 0,223. millièmes.
> — 31 d.º de plus, nouvelle perte......... 0,127.
> — 19 d.º — — 1,091.

Ainsi, après 109 jours de conservation, le fumier avait perdu, sur 1000 en poids, 0.441 : *près de la moitié de ce poids.*

« Il y a donc, dit M. de Gasparin, une illusion complète de
» la part des cultivateurs qui, trompés par l'apparence d'homo-
» généité du fumier consommé, pensent qu'il a acquis une plus
» grande valeur ; par la fermentation avancée, il a perdu plus
» de la moitié de sa masse, plus de la moitié de ses principes
» solubles et les $^2/_3$ de son azote. Ce qui reste consiste princi-
» palement en principes carbonisés ».

(*g*) Mentionnons un autre usage qui est aussi une conséquence de notre système de culture, mais qu'il serait assez facile cependant de modifier avant même d'attaquer ce système. Cet usage est celui qui consiste dans le dépôt et l'abandon du fumier sur les champs, longtemps avant le moment de l'enfouir : le laissant ainsi exposé à l'action du soleil, du vent, de la pluie. Voici comment M. le comte de Villeneuve échappe à une nécessité qui semble effectivement trouver son excuse dans les travaux nombreux et pénibles auxquels donne lieu le transport

d'une masse considérable de fumier à l'automne « : J'emploie .
» dit-il, le plus de charrettes dont je puis disposer, ordinaire-
» ment cinq ou six, et deux journaliers aidant à décharger.
» Après l'attelée du matin, quelques hommes jetent le fumier
» avec des fourches, et des femmes l'éparpillent avec les mains.
» A l'attelée du soir, on envoie le nombre de paires de bœufs
» nécessaires pour couvrir, avec la charrue à oreille, tout le fu-
» mier qui a été répandu ».

(*h*) Il est vrai qu'avec notre système de métayage, les travaux de toute nature étant à la charge du métayer, nous nous
trouvons moins intéressés à l'adoption d'instruments susceptibles
de diminuer ces travaux. Mais justement, c'est là un exemple
frappant de la manière vicieuse dont nous entendons ce système; puisque nous restons étrangers aux désavantages qu'il
procure à l'une des parties dans l'association où tout devait être
en commun : peines et soins, succès et revers.

(*i*) Sans doute, le billonnage des terres a pour cause, dans
nos contrées, la nécessité de sarcler nos blés; nécessité décou-
lant, tant de l'application immédiate du fumier à la céréale,
que la tendance qu'a notre climat, par ses transitions brusques
de chaleur et d'humidité, à favoriser la multiplication des
herbes.

Cependant il est évident qu'il peut y avoir à cela une autre
cause qu'il importe de ne pas méconnaître.

Cette autre cause, c'est l'effet que produit la gelée saisissant
immédiatement et sans qu'elle ait eu le temps de s'égoutter,
une terre dans laquelle l'argile est en quantité notable. « Par
» suite de ce phénomène, dit M. Jules Rieffel, les plantes et les
» racines sont violemment arrachées à chaque changement de
» l'atmosphère. C'est peut-être la cause des semailles sous raies
» (c'est-à-dire avec la charrue). en petits billons de 0^m 66 et
» 1^m 00, si universellememt adoptés dans tout l'Ouest. et dès
» la plus haute antiquité ».

(*j*) Dans son *Cours d'Agriculture*, III.ᵉ volume, page 653, M. le comte de Gasparin, avec cette supériorité de vue qui le distingue, sait tenir compte des circonstances qui peuvent faire préférer le mode de semer sous raie (couvrir à la charrue), à celui de semer sur raie (couvrir à la herse). « Le blé est semé » à plat, dit-il, si la terre est saine et profonde, à billons re- » levés seulement quand elle manque de profondeur et que les » moyens d'écoulement des eaux sont insuffisants; *si elle est* » *sujette à déchaussement, on sème sous raie en laissant les* » *mottes entières* ».

(*k*) En nous appliquant à faire ressortir les avantages qui pourraient résulter, pour notre agriculture, des améliorations qu'elle serait susceptible de recevoir au milieu des circonstan- ces où elle se trouve placée, notre intention, on ne saurait s'y méprendre, n'est pas de recommander un changement complet et immédiat des méthodes dont elle fait usage.

Loin de là, et les hommes compétents en cette matière nous rendront la justice de le reconnaître, c'est toujours avec une réserve extrême, avec une prudence consciencieuse, que nous indiquons les réformes qui nous paraissent profitables.

Dix ans de professorat, dix ans d'un examen attentif et ré- fléchi de ce qui se dit, de ce qui se fait en agriculture dans le département de la Gironde et dans ceux qui l'environnent, nous ont convaincu que s'il est des hommes et en grand nom- bre qu'il faut exciter aux progrès, il en est d'autres aussi qu'il convient, si non de modérer, de retenir, au moins d'éclairer, sur la portée des réformes qu'ils entreprennent; d'avertir sur les dangers auxquels les expose une précipitation que ne saurait avouer l'agriculture.

Combien de fois en effet ne nous a-t-on pas tenu ce langage, aussi affligeant pour celui qui a la franchise d'avouer de tels faits, que désastreux pour la science agricole qu'il discrédite, qu'il ruine : « Depuis que j'ai adopté les procédés de l'*agricul-*

» *culture perfectionnée*, mes revenus ont sensiblement diminué
» et le seul avantage que j'en ai retiré jusqu'ici c'est une satis-
» faction d'amour-propre ! »

Si l'adoption de ces procédés ont eu de tels résultats, c'est
parce qu'ils ont été, ou mal choisis, ou mal appliqués : deux
circonstances dont la science ne saurait être responsable et de
l'examen desquelles nous ferons l'objet d'une de nos prochaines
lettres.

PUBLICATIONS AGRICOLES.

L'AGRICULTURE, COMME SOURCE DE RICHESSE, COMME GA-RANTIE DU REPOS SOCIAL, est un recueil qui date de 1840, et qui compte, par conséquent, sept années d'existence.

Sous la direction spéciale du Professeur à la Chaire d'Agriculture de Bordeaux : M. AUG. PETIT-LAFITTE, ce Recueil, par le choix, l'importance, l'à-propos des matières qu'il publie, a mérité l'approbation qui l'a soutenu jusqu'ici.

L'épigraphe en fera connaître l'esprit :

> « La culture des terres a un avantage par-dessus
> « toutes choses. Le Roi est assujetti aux champs ».
>
> (ECCLÉSIASTE, *Ch. V.*)
>
> « Le fer qui arme la charrue du laboureur, le fer que la
> terre polit et émousse par son frottement continuel, est
> mille fois plus puissant pour maintenir le Monarque sur
> son trône, pour le mettre à l'abri des attaques et des
> révolutions qui pourraient le renverser, que celui des
> lances les plus acérées, des glaives les plus tranchants ».
>
> (*Extrait du Prospectus*).

L'*Agriculture* doit être regardée comme l'organe de publicité agricole de la Gironde et des départements voisins.

C'est à ce titre que le Directeur invite de nouveau tous les agronomes et cultivateurs de cette contrée, à lui faire part, soit de leurs observations, soit des mémoires qu'ils désireraient voir imprimer : le tout sera reçu avec reconnaissance et utilisé comme il convient.

Si cette invitation était entendue, ce serait là, pour l'agriculture, un puissant moyen de progrès.

On souscrit au journal l'*Agriculture*, à Bordeaux, aux librairies Th. LAFARGUE et Ch. LAWALLE, au cabinet de lecture de DELPECH, chez le Directeur, rue Henry IV, n.º 12, près de l'église Sainte-Eulalie. — 12 fr. par an, *franc de port.*

DE LA CONNAISSANCE DES TERRES CULTIVÉES, etc.,

Ouvrage de 550 pages, renfermant les leçons de la première partie du Cours complet d'Agriculture et leur application à la localité, avec Planches, Tableaux, etc....

Chez les mêmes libraires. — *Prix : 7 fr*

QUATRE MÉMOIRES

SUR L'AGRICULTURE DU DÉPARTEMENT DE LA GIRONDE

1 vol. in-8º. — *Prix : 1 fr. 25.*

BORDEAUX. — IMPRIMERIE DE TH. LAFARGUE, LIBRAIRE,
Rue Puits de Bagne-Cap, 8.